INTERIOR DECORATION DESIGN

室内装饰设计与软装速查

细部设计

李江军 编

U0246609

中国电力出版社
www.cepp.sgcc.com.cn

内容提要

本系列图书包含《客厅》《吊顶》《背景墙》《细部设计》四册。每本书包括室内装饰设计与软装搭配的知识要点解析和600余例设计案例解析，内容丰富，实用性强。书中对这些代表着当今前沿设计水平的作品分别做了讲解分析，可以帮助读者快速掌握室内装饰设计方法和技巧。

图书在版编目（CIP）数据

室内装饰设计与软装速查. 细部设计 / 李江军编. —北京：中国电力出版社，2018.2
ISBN 978-7-5198-1616-2

Ⅰ. ①室… Ⅱ. ①李… Ⅲ. ①室内装饰设计-细部设计-手册 Ⅳ. ①TU238.2-62

中国版本图书馆CIP数据核字（2017）第325834号

出版发行：中国电力出版社
地　　址：北京市东城区北京站西街19号（邮政编码100005）
网　　址：http://www.cepp.sgcc.com.cn
责任编辑：曹　巍
责任校对：朱丽芳
装帧设计：弘承阳光
责任印制：杨晓东

印　　刷：北京盛通印刷股份有限公司
版　　次：2018年2月第一版
印　　次：2018年2月北京第一次印刷
开　　本：710毫米×1000毫米　12开本
印　　张：11
字　　数：230千字
定　　价：49.80元

目 录
CONTENTS

细部设计与软装搭配 / 要点解析

玄关设计 6

　玄关设计重点 6

　玄关灯饰照明 7

　玄关色彩搭配 8

　玄关饰品搭配 9

过道设计 10

　过道设计重点 10

　过道灯饰照明 11

　过道饰品搭配 12

隔断设计 13

　隔断设计重点 13

　隔断材料选择 14

　隔断设计形式 15

卧室设计 18

　卧室设计重点 18

　卧室色彩搭配 19

　卧室灯饰照明 20

　卧室饰品搭配 21

书房设计 22

　书房设计形式 22

　书房色彩搭配 23

　书房灯饰照明 24

　书房饰品搭配 25

餐厅设计 26

餐厅设计形式 26

　餐厅色彩搭配 27

　餐厅灯饰照明 27

　餐厅饰品布置 28

吧台设计 29

　吧台位置选择 29

　吧台设计重点 30

阳台设计 31

　认识主次阳台 31

　阳台材料选择 31

　阳台设计重点 32

厨房设计 33

　厨房设计重点 33

　厨房灯饰照明 33

　厨房色彩搭配 34

　厨房饰品搭配 35

卫浴间设计 36

　卫浴间设计重点 36

　卫浴间灯饰照明 37

　卫浴间色彩搭配 38

　卫浴间饰品搭配 39

视听室设计 40

　视听室设计重点 40

　视听室材质选择 40

细部设计与软装搭配 案例解析

玄关 42
    玄关的实用功能设计 43
    玄关鞋柜的设计重点 45
    玄关地面拼花的设计要点 47

隔断 50
    墙体隔断的设计重点 51
    月亮门隔断的设计重点 53
    密度板雕花隔断的安装要点 55
    玻璃砖隔断的设计重点 57

过道 58
    过道装饰柜的搭配要点 59
    过道地面材料的选择重点 61
    中式风格过道垭口的设计重点 63
    乡村风格过道垭口的设计 65
    过道楼梯的设计要点 67

阳台 68
    阳台家具的选择与搭配 69
    露台的设计要点 71

书房 72
    书房的位置选择 73
    开放式书房的设计重点 75
    书房家具的布置要点 77
    书房墙面的挂画技巧 79

阁楼 80
    阁楼的设计要点 81

卧室 82
    简约风格卧室的设计重点 83

中式风格卧室的设计重点 85
美式风格卧室的软装布置 87
小户型卧室的设计重点 89
大户型卧室的设计要点 91
儿童房的家具布置重点 93

卫浴间 96
    卫生间的墙面材料运用 97
    卫浴间的主题墙设计 99
    卫浴间安装浴缸的注意事项 101
    砖砌台盆柜的施工要点 103
    小卫浴间安装镜柜的注意事项 105

视听室 106
    视听室隔音处理的技巧 107
    地下室改建成视听室的设计重点 109

厨房 112
    厨房石膏板吊顶的设计重点 113
    厨房台面的设计重点 115

吧台 116
    吧台的合理尺寸 117
    吧台材质的选择技巧 119

餐厅 120
    不同风格餐厅如何搭配餐具 121
    中式风格餐厅的设计重点 123
    欧式风格餐厅的设计重点 125
    乡村风格餐厅的设计重点 127
    现代简约风格餐厅的设计重点 129
    餐厅桌布的搭配要点 131

细部设计与软装搭配

要点解析

玄关设计

玄关设计重点

小户型的玄关设计更侧重其实用性，要把实用性与装饰性巧妙地结合来适应小户型对空间的需求特点。小玄关在改造时，首先要做的就是把整体亮度提高，只有视野开阔了，才不会让空间显得狭窄。可以将玄关和其他功能区之间的隔墙拆除，改成完全开放型的格局，能够有效地将其他空间的光源引入到玄关部分，从而改善小空间的光照问题。

室内面积较大，或者是复式结构的户型，家里的玄关相对于客厅、卧室、餐厅等空间的设计来说，就显得有点微不足道了。别小看这个弹丸之地，往往一个设计巧妙的玄关，就是一道体现家居品味的风景线。大空间玄关在设计上更强调审美的享受，因而大都应有独立的主题，但也要兼顾整体的装修风格才行。

玻璃、木格栅、博古架、木花格等是常见的作为空间间隔的装修材料，因其具有通透性，在空间划分上更能灵活控制视线，再加上重点照明、间接照明以及家具摆设的相互配合，便能营造出丰富的层次感和深邃的意境。

▲ 小户型玄关的设计以简洁实用为主

▲ 面积较大的玄关可以运用主灯与辅助照明结合的方式

玄关灯饰照明

有窗户且采光好的玄关，重点放在不破坏原有的采光。如果摆放大型家具就会遮挡从窗外而来的自然光，如果一定要放鞋柜，就应以低矮的尺度为优先考虑。

常见的公寓玄关通常没有对外的窗户可以采光。一般人只是在玄关摆上鞋柜，但是只要多花点心思，玄关也可以形成一个心情转换的最佳场所。像是在柜子下部或中段镂空，内部暗藏灯光，就成了一个展示平台。

玄关的照明一般比较简单，只要亮度足够，能够保证采光即可。建议在门口安装人体感应灯具，可以让人在一进门时即自动启动开关照明，不用进门后还要找开关，同时也节省电费。玄关除了一般式照明外，可在悬吊的鞋柜下方设计间接光源，照亮客人或家人的鞋；如果有绿色植物、装饰画、工艺品摆件等软装配饰时，可采用筒灯或轨道灯形成焦点聚射。

▲ 玄关台灯与其他饰品呈三角构图形式摆设

▲ 玄关悬吊的鞋柜下方设计间接光源

▲ 面积较大的玄关可以运用主灯与辅助照明结合的方式

玄关色彩搭配

普通住宅中的玄关空间面积通常都比较小，所以在选择色彩时，可以尽量选择清爽明亮的浅色调映衬玄关。如白色、淡绿色、淡蓝色、粉红色等，这些颜色能避免因空间狭小或采光不好造成的阴暗感。如果住宅面积比较大，玄关空间比较宽敞通亮的话，可以采用丰富而深暗的颜色，营造出低调而华丽的视觉感受。尽量避免使用让人眼花缭乱的色彩与图案，否则会觉得空间非常杂乱。

▲白色与原木色搭配玄关空间给人以清新自然的感受

▲大户型玄关的色彩选择范围大，但避免过度花哨的色彩和图案

如果业主想着重打造温暖舒适的居家氛围，对玄关采用的是暖色调装饰，这种情况下，可以适当地增加一些饰物，着力营造使人宾至如归的气氛。冷色调给人的感觉就是非常简洁、现代。因此在冷色调玄关的装饰中，应该尽量去除不必要的摆设，更不应堆积杂物，这样更符合冷色调的特征，也能让空间显得更宽敞明亮些。

玄关饰品搭配

玄关的装饰是整个空间设计的浓缩体现，饰品宜简宜精，把工艺品摆件与花艺搭配，打造一个主题，是常用的和谐之选，例如在中式风格中，花艺加鸟形饰品组成花鸟主题，让人感受鸟语花香、自然清新的气氛。此外，玄关的工艺品摆件数量不能太多，一两个高低错落摆放，形成三角构图最显别致巧妙。

▲颜色艳丽的花艺让人进门就有好心情

▲玄关饰品宜高低错落布置

过道设计

过道设计重点

过道的设计根据情况不同，设计的重点和处理的技巧也不同。对于封闭式且很狭长的过道，可以在过道的尽头装饰端景吸引人的视线，让人感觉不到狭长。

在一个大空间内的开放式过道，需要从顶面和地面来区分空间；可以在顶面做造型，也可以在地面做拼花引导凸显过道的功能。开放式的过道要十分注意与周边环境的融合和协调。

如果是一个半开放式又比较宽敞的过道，墙面可以作为设计的重点，通过材质的凹凸变化，丰富的色彩和图案等增加过道的动感。

如果是一条笔直的过道，就需要借助造型来打破这种格局，可以做弧形的边角处理，或增加墙面的变化来吸引注意力。

▲ 利用墙面材质的变化，把自然光线引入到原本昏暗的过道中来

▲ 采用设计端景的形式，弱化狭长过道给人的压抑感

▲ 开放式过道利用地面与顶面的造型变化与其他空间区分开来

▲ 狭长形过道可在吊顶上间隔布置多盏吊灯

过道灯饰照明

过道的灯光不但可以让家中的动线变得更加清楚，而且还能使空间过渡得更加自然顺畅。过道的灯饰要求外观简洁明快、造型雅致小巧，避免使用过于繁复、艳丽的类型。建议在过道的中心点设置一只主灯，再配合相应的射灯、筒灯、壁灯等装饰性灯具，以达到良好的装饰效果。作为使用频繁的家庭过道，最好不要选择冷色调的灯光来照明，可以选用与其他空间色温相统一或接近的暖色调灯光进行照明。

▲ 利用筒灯对过道壁龛中的饰品进行重点照明

过道饰品搭配

过道中除了挂装饰画，也可以增加一些饰品提升装饰感，数量不用太多，以免引起视觉混乱。饰品颜色、材质的选择跟家具、装饰画相呼应，造型宜简单大方为佳。因为过道是经常来回走动的地方，所以饰品的摆放位置要注意安全稳定，并且注意避免阻挡空间的活动线。

▲过道上对称布置的摆件给人平衡的视觉感受，并且较好利用了建筑空间的死角

▲狭长形过道的尽头常采用落地花艺作为端景造型

▲色彩鲜艳的花艺让过道成为一道风景线

隔断设计

隔断设计重点

隔断的主要作用是分隔空间，给空间增添一些遮挡，增加层次感，同时也起到美化空间的作用，所以在很多地方都需要做隔断。

首先是玄关。如果玄关与客厅相连，没有隔断就会使室内一览无余，可以把鞋柜与隔断结合在一起设计，实用功能丝毫不减。

其次是客厅。现在许多客厅与餐厅合一，两个功能区的划分除用地面、灯光、吊顶等手段外，更具装饰效果的办法是做一个漂亮的隔断。有些开放式厨房也与客厅相连，在餐台的一头做一个造型简洁大方的隔断，也不失为一种经济实用的设计。

此外，房间较小的家庭如卧室书房共用，也可在床边做隔断，避免夜读的灯光打扰睡眠。还有较大的浴室要干湿分区，也可用隔断来分隔。

在设计隔断时应注意三个方面的问题。首先是造型，由于自由度很大，设计时应注意高矮、长短和虚实的变化统一。其次是颜色的搭配，由于隔断是整个居室的一部分，颜色应该和居室的基础部分协调一致。最后是材料的选择和加工，可以精心挑选加工材料从而实现良好的形象塑造和颜色的搭配。

▲ 利用吧台进行隔断具有很强的功能性

▲ 利用鞋柜分隔出一个独立的玄关空间

隔断材料选择

制作隔断可以用石膏板、铝塑板、玻璃、玻璃砖、铁艺、钢板、石材、木材等材料。其中石膏板价格低廉，并且质量轻、加工方便，目前最为常用；塑钢板有金属质感，比较受年轻人的欢迎；铁艺隔断式样、颜色较为单一且不易清洗，使用量正逐渐下降；玻璃有普通玻璃、磨砂玻璃、彩绘玻璃、夹层玻璃、镶金玻璃等品种，价格适中，也较为常用；玻璃砖价格昂贵，虽然非常适用作隔断材料，但也并不常用。

另外，隔断通常并不是只用一种材料制成，而是将多种材料结合使用，以更好地发挥其功能和装饰效果。比如结实耐用、外观漂亮的木材，就经常与玻璃、石材、铁艺等其他材料相搭配来设计隔断。

▲ 铁艺隔断

▲ 玻璃砖隔断

▲ 艺术玻璃隔断

▲ 砖墙隔断

▲ 雕花木隔断

选择玻璃隔断时，要充分考虑玻璃的质感，以及适合与什么样的装修风格搭配在一起。从色泽和材质上来讲，玻璃都属于冷光系，适合简洁明快的装饰风格，而材质厚重的家具与其搭配在一起，则会显得突兀、不协调。玻璃容易反光，在安装时，要充分考虑其位置会不会造成光源与视线的冲突。为求室内通风或冷气流动顺畅，玻璃隔断往往不做到顶，而下方最好也不要直接落地，以免被踢碎，不太安全。而与地面交接处所用的材料，应考虑耐磨耐刮，否则日后清洗就很麻烦。

▲ 通透式隔断在卫浴间中应用最广

隔断设计形式

通透式隔断

通透式隔断常用玻璃材质作为隔断，即使在面积较小的居室里，也会有拓展空间的作用。将这种形式运用在卫生间的隔断里，也是相当普遍的。例如用半透明的玻璃来做干湿分区的隔断；或是开放式卫生间，用玻璃墙来做空间的隔断，都能起到划分区域和营造氛围的作用。

隐形式隔断

隐形隔断一般用于房间较小但要有功能区分的空间，还有采光不好的空间，用了实体隔断会影响光线。隐形隔断一般可以从地面、吊顶、墙面和软性装饰这几个方面着手进行区分。

地面。 可以利用材质的变化来分区，如客厅和餐厅可以用不同材质、颜色和图案等加以区分；还可以设计地面高度落差，比如把餐厅部分做高一些，通过高度来划分空间。

吊顶。 有高低、形式上的简与繁等区别。通常餐厅的吊顶跟客厅比起来会压得比较低，这样客厅就会显得很宽阔，人待在客厅里比较舒适，而且餐厅里要求灯光比客厅要亮一些。

墙面。 主要是颜色和材质有所不同。餐厅一般需要鲜艳一点的暖色调，这样对促进食欲有好处；而客厅为了显得比较大，多使用浅色系，扩大空间感。

软装饰。 植物、大型藤艺、木雕、石雕等都可以根据不同的装修风格来使用。

▲利用花艺绿植分隔空间是隐形隔断中的一种形式

▲利用吊顶造型分隔出相邻的客餐厅空间

收纳式隔断

如果门厅与客厅相连，没有隔断就会使客厅一览无余，合理地设计一个装饰柜作为隔断，既能增强空间的层次感，又不会使客厅显得空洞。如果卧室与书房相连，为了使空间更具通透性，常常会打通这两个空间，此时可以用书柜作为隔断，这样不但区分了空间，又使居室更显通透。

在选择这类收纳式家具作隔断的布局中，一定要事先考虑好尺寸。装饰柜的尺寸要根据门厅的宽窄来定，高度最好高于人的身高；沙发的尺寸应该遵循客厅的面积，摆在中央的沙发不要过大；而书柜的大小，当然要看卧室与书房的距离，切忌不可让书柜的宽度超过一扇门的宽度。其次，要注意的是采光问题，如果采光效果不好，再好的隔断家具也会使空间昏暗而压抑。在采光不佳的空间里，适当地运用灯光，可以弥补这方面的缺憾。

▲博古架造型的隔断兼具装饰与收纳的双重功能

▲选择书柜作为隔断注意高度的合理性

卧室设计

卧室设计重点

婚房卧室

婚房卧室在色彩上可以用明快、温暖的颜色为基调，再点缀一些吉祥的颜色来装饰。如大红大紫是中国传统的喜庆颜色，新婚卧室如用红色地毯或红色灯罩，会让人感觉喜气洋洋。在选择婚房卧室的家具时，以中性色或浅色为宜，这种色调的家具比较百搭，即使新婚过后步入日常生活，也同样显得经典大方。

▲ 儿童房的设计注意安全和环保两个要点

▲ 婚房卧室可利用红色的软装元素渲染喜庆氛围

儿童房

环保与安全是小孩房装修的两个要点。在环保方面，小孩房最好选择实木家具，油漆和涂料应该是环保材料的；在安全方面，小孩房应尽量少用抽屉，谨防儿童被抽屉夹伤。在选购家具时，家具的边角和把手不应留棱角和锐利的边；桌椅角要尽量制成圆滑的钝角，以防尖锐的桌椅角让到处奔跑追逐的孩子撞上。

▲老人房的装饰宜营造出一种祥和的氛围

老人房

　　老人房的设计应以简约为主，多用布艺家具，少放家电。同时，为方便老人活动，建议把大一些的房间尽量给老人居住。老人房的家具尽量靠墙而立，家具的样式宜低矮，以方便他们取放物品。深浅搭配的色泽十分适用于老人的居室。如深胡桃木色可用于床、橱柜与茶几等单件家具，如寝具、布艺及墙面等的色彩则以浅色为宜。

卧室色彩搭配

　　卧室装修时，尽量以暖色调和中色调为主，过冷或反差过大的色调尽量少使用。色彩数量不要太多，两三种就可以，多了会显得眼花缭乱，影响休息。墙面、地面、顶面、家具、窗帘、床品等是构成卧室色彩的几大组成部分。

　　卧室顶部多用白色，显得明亮。卧室墙面的颜色要根据主人的喜好和空间的大小来选择。大面积的卧室可选择多种颜色进行装饰；小面积的卧室颜色最好以单色为主，单色会显得卧室更宽大，不会有拥挤的感觉。卧室的地面一般采用深色，不要和家具的色彩太接近，否则影响立体感和明快的线条感。卧室家具的颜色要考虑与墙面、地面等颜色的协调性，浅色家具能扩大空间感，使房间明亮爽洁；中等深色家具可使房间显得活泼明快。

▲想要营造温馨感的卧室空间最适合运用米色系

▲卧室的配色控制在蓝色、绿色与米色等三种色彩之内

卧室灯饰照明

纯白色的卧室中，最好选择外观色彩较为丰富的灯具，这样才能避免房间过于单调，不至于感觉乏味。卧室使用粉色的家纺用品，可以配合上暖色调灯光，打造一种温馨甜美的氛围。如果卧室里大部分家具都是黑色的，再加上暗色墙纸，这个时候就需要白色光源的补充，用白光来与卧室环境适当配合。黄色的暖光源给人一种温馨的感觉，有助于睡眠。如果是田园风格的卧室，最常用的灯具选择就是采用小碎花布艺灯罩。

卧室在灯光设计上一定要注意尽量采取漫射光源照明的方式，光源要尽量采取中性光，比较自然。不要在头顶放置射灯，否则容易给眼睛造成伤害。卧室床头灯的光线应柔和，刺眼的灯光只会打消人的睡意，令眼睛感到不适；泛着暖色或中性色光感的灯比较合适，比如鹅黄色、橙色、乳白色等。但是注意床头灯的亮度不能过低，因为偏暗的灯光会给人造成压抑感，而且对于有睡前阅读习惯的人来说，也会损伤视力。

▲床头的局部照明可为阅读提供方便，但需要注意光线的柔和度

◎常见卧室台灯款式

▲卧室采用无主灯的照明设计，暖黄色的漫射光源更可增加温馨氛围

卧室饰品搭配

　　卧室需要营造一个轻松温暖的休息环境，装饰简洁和谐有利于人的睡眠，所以饰品不宜过多，除了装饰画、花艺，点缀一些首饰盒、小工艺品摆件就能让空间提升氛围。也可在床头柜上摆放一组照片配合着花艺和台灯，能让卧室倍感温馨。

▲卧室床头柜上适合摆设浅色系花艺搭配玻璃花瓶的组合

▲金属材质相框

▲根雕饰品

▲布置卧室的饰品要考虑整体协调

▲卧室五斗柜上也是展示精美饰品的绝佳位置

书房设计

书房设计形式

兼顾型

由于房型或面积等因素，通常很难有一间单独的书房，此时，常常可以将卧室一处构成套间或卧室的一端设计成书房，这种形式的书房要尽量避免与卧室的相互干扰和影响，可于两者之间设置壁柜，达到相对独立的效果。安静对于书房来讲是十分必要的，因为人在嘈杂的环境中读书，工作效率要比安静的环境中低得多。所以书房装修的时候从材料选购到施工都要贯彻这一原则。

▲ 兼顾型书房

封闭型

书房与其他房间完全分开，成为独立的完整空间，这种类型的书房受其他房间的干扰较小，工作效率高，比较适合作为藏书型和工作型的书房。

▲ 封闭型书房

开敞型

书房与其他房间之间有一定程度的分隔与限定，隔断基本上是重要的装饰部件，造型丰富多彩，这类书房具有很好的装饰效果。与此同时，由于受其他房间的干扰较大，使用开敞型书房时，也必然带来工作效率的降低。

▲ 开敞型书房

书房色彩搭配

书房是学习、思考的空间，应避免强烈刺激，宜多用明亮的无彩色或灰棕色等中性颜色。家具和饰品的颜色，可以与墙面保持一致，在其中点缀一些和谐的色彩。如书柜里的小工艺品，墙上的装饰画（在购买装饰画时，要注意其在色彩上是为点缀用，在形式上要与整体布局协调），这样可以打破略显单调的环境。

▲ 书房适合采用中性色彩

▲ 整体感较强的书房色彩搭配

书房灯饰照明

书房照明主要满足阅读、写作之用，要考虑灯光的功能性，款式简单大方即可，光线要柔和明亮，避免眩光产生疲劳，使人舒适地学习和工作。

如果书房与客房或休闲区共用，可以选择半封闭、不透明的金属工作灯，将灯光集中投到桌面上，既满足书写的需要，又不影响室内其他活动；若是在坐椅、沙发上阅读时，最好采用可调节方向和高度的落地灯。书房内一定要设有台灯和书柜用射灯，便于主人阅读和查找书籍。台灯宜用白炽灯，功率最好在 60 W 左右为宜，台灯的光线应均匀地照射在读书写字的区域，不宜离人太近，以免强光刺眼，长臂台灯特别适合书房照明。

▲ 书房照明除了光线要柔和明亮，还要避免眩光造成视觉疲劳

▲ 书桌上的台灯除了装饰功能之外，通常可作为补充照明

▲ 书柜中加入灯光照明既可增加装饰作用，又可方便查阅

书房饰品搭配

　　现代简约风格的书房在选择饰品时，要求少而精，有时可运用灯光的光影效果，令饰品产生一种充满时尚气息的意境美。新古典风格书房选择饰品时，要求具有古典和现代双重审美效果，可以选择金属书挡、不锈钢烛台等摆件。美式风格书房选择饰品时，要表达一种回归自然的乡村风情，做旧工艺饰品是不错的选择，如仿旧陶瓷摆件、实木相框等。新中式风格书房在工艺饰品的选择上注意材质和颜色不要过多，可以选用一些极具中式符号的装饰物，填充书柜和空余空间，摆设时注意呼应性。

　　书房同时也是一个收藏区域，如果工艺品摆件以收藏品为主也是一个不错的方法。具体可以选择有文化内涵或贵重的收藏品作为重点装饰，与书籍、个人喜欢的小饰品搭配摆放，按层次排列，整体以简洁为主。

▲注重品位的书房空间可选择收藏品与书籍一起摆设

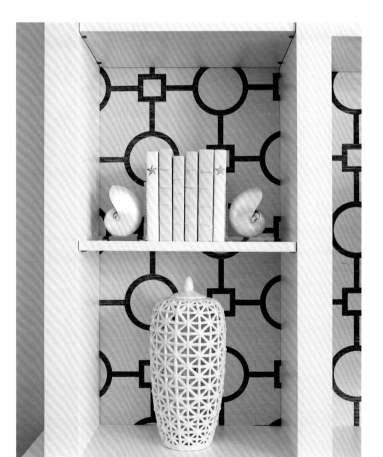

▲造型前卫、线条简洁的摆件适合现代简约风格书房

▲ 书房适合摆设小巧玲珑不占空间的花艺小品

餐厅设计

餐厅设计形式

独立式餐厅

这种形式是最为理想的。餐厅位置应靠近厨房。需要注意餐桌、椅、柜的摆放与布置须与餐厅的空间相适应，还要为家庭成员的活动留出合理的空间。

▲ 餐厅与客厅连成一体

餐厅和客厅连成一体

面积不大的公寓房中，这种格局最为常见，餐区的位置以邻接厨房并靠近客厅最为适当。餐厅与客厅之间可采用灵活处理，如用屏风、花格作半开放式的分隔，或用隐形隔断作象征性的分隔。

▲ 独立式餐厅

餐厅与厨房合并

这种形式能充分利用空间。只是需要注意不能使厨房的烹饪活动受到干扰，也不能破坏进餐的气氛。要尽量使厨房和餐厅有自然的隔断或使餐桌布置远离厨具，餐桌上方应设照明灯具。

▲ 餐厅与厨房合并

餐厅色彩搭配

餐厅是进餐的专用场所，一般会和客厅连在一起，在色彩搭配上要和客厅相协调。具体色彩可根据家庭成员的爱好而定，一般应选择暖色调，如深红、橘红、橙色等。这样的色彩设计不但能从心理上提高人的食欲，而且能营造一种温馨甜蜜的氛围。在局部的色彩选择上可以选择白色或淡黄色，这是便于保持卫生的颜色。

▲四人餐桌上方适合安装单盏大灯的照明

餐厅灯饰照明

餐厅灯饰照明应烘托出一种其乐融融的进餐氛围，既要让整个空间有一定的亮度，又需要有局部的照明作点缀。因此，餐厅灯饰照明应以餐桌为重心确立一个主光源，再搭配一些辅助光源，灯饰的造型、大小、颜色、材质，应根据餐厅的面积、家具与周围环境的风格作相应的搭配。

单盏大灯适合2~4人的餐桌，明暗区分相当明显，像是舞台聚光灯般的效果，自然而然地将视觉聚焦。如果比较重视照明光感，或是餐桌较大，不妨多加一两盏吊灯，但灯饰的大小比例必须相应地缩小。另外，具有设计感的吊灯，也会增强视觉上的丰富度。若餐厅想要安装三盏以上的灯饰，可以尝试将同一风格、不同造型的灯饰作组合，形成不规则的搭配，混搭出特别的视觉效果。

▲土黄色适合营造一种温馨的就餐氛围

▲高低错落的小吊灯增加活泼气氛

▲餐厅照明宜以餐桌为重心确定一个主光源

餐厅饰品布置

餐厅工艺品摆件的主要功能是烘托就餐氛围，餐桌、餐边柜甚至墙面搁板上都是摆设饰品的好去处。花器、烛台、仿真盆栽以及一些创意铁艺小酒架等都是不错的选择。餐厅中的软装工艺品摆件成组摆放时，可以考虑采用照相式的构图方式或者与空间中局部硬装形式感接近的方式，从而产生递进式的层次效果。

▲港式风格餐桌摆设往往体现出一种精致感

▲餐厅摆设花艺让就餐更有气氛

▲餐边柜上的饰品应配合营造就餐氛围

吧台设计

吧台位置选择

厨房吧台要与厨房、餐厅的洁净、实用的环境相适应，造型应简洁明快。但它又要具有一定的装饰性，所以应富有生气，要尽量避免呆板生硬的设计。

客厅吧台常见于大居室空间，通常设置在沙发区后面或旁边。客厅吧台与厨房吧台有很大的不同，因为客厅是居室的重点区域，所以吧台一般都装饰得非常讲究。

▲ 客厅吧台

地下室吧台常见于别墅居室，别墅通常将地下室设计成娱乐影音室，当然吧台也是必不可少的。地下室吧台因为光线原因，所以灯光设计特别重要。

▲ 地下室吧台

走廊或过道里也可以设计吧台，比较常见的是嵌入式吧台或贴墙式吧台，吧台以简约为风格为主，通常属于小巧玲珑型，可以与玄关结合起来设计。

▲ 过道吧台

吧台设计重点

吧台主要是娱乐休闲的功能，是看书上网的绝佳场所。在做水电之前，设计师不仅要考虑此处的网络和插座布置，同时，也应考虑灯光的强度和类型，从而给工作或者娱乐提供最优质的环境。

灯光是营造吧台气氛的重要角色。一般暖色调的光线比较适合久坐，也便于营造气氛。吧台的照明最好采用嵌入式设计，既可以节省空间，又体现了简洁现代的风格，与吧台的氛围相适合。

酒柜是吧台设计中的重要元素之一。酒柜与吧台最好安排在一起，如果两者距离太远，会影响使用。

吧台的另一元素就是高脚椅。在选择高脚椅的时候，除了需要注意颜色与样式外，符合人体曲线的椅面及可 360°旋转、方便上下活动的座椅，都要重点考虑。

▲ 暖色系灯光适合营造吧台气氛

▲ 选择吧椅注意与整体环境的搭配

阳台设计

认识主次阳台

很多的住宅都会有 2~3 个阳台，在装修前要分清主次阳台，明确好每个阳台的功能。主阳台一般是和客厅、主卧室相连，以休闲为主，地面的装饰材料应该和客厅相一致；次阳台一般是和厨房等相邻，主要是储物、晾衣等，在装修的时候可以简单一些。

▲ 主阳台

▲ 次阳台

阳台材料选择

如果阳台选择的是封闭式，那么在装修的时候，可以选择内墙乳胶漆，地面可以使用和室内一样的装修材料。如果阳台是开放式的，那么在选择装修材料的时候，最好是选择性能比较好的，比如说墙面最好是选择外墙涂料，防水涂料需要有比较强的耐老化性，瓷砖需要有比较强的防滑性。

铺贴在阳台上的防腐木一般分为成品面漆和非面漆两种，相同材质的防腐木，成品面漆和宽板都要贵一点。建议在选择防腐木的时候不要盲目地追求宽板，一般宽度达到 150mm 即可，太宽了反而会有变形的可能。铺贴的时候，防腐木之间留的缝隙也不要过大，留 2~5mm 就好。

在把阳台改做书房或者休闲区的时候，很多人会选择地板作为地面材料，由于阳台朝阳的特性，在挑选时一定要考虑地板的耐高温、防潮、防晒的性能。或者选择遮光窗帘也能避免实木地板曝晒后开裂、变形的问题。

▲ 阳台铺贴防腐木地板可增加自然舒适的休闲氛围

阳台设计重点

　　大部分的阳台并不是为了承重而设计的，因此在装修的时候要了解到它的承重，尽量地少放一些过重的家具。如果户型中客厅连着阳台，并且家里还有其他可供洗晒的生活阳台，不妨考虑把阳台并入到客厅空间里面，成为家中的一个休闲区。

　　很多的家庭都会在阳台设置水龙头，摆放洗衣机，那么这就需要做好阳台地面的防水层和排水系统。如果处理不好的话，很容易发生积水和渗漏的问题。此外，如果在阳台上堆砌花池、鱼池，应留有排水地漏及溢水口，以防止下暴雨时来不及排水，或者是由于未留溢水口，而使水从池中溢出，造成不必要的损失。

▲在阳台上堆砌花池应留有排水地漏及溢水口

▲连着客厅的阳台可考虑改造成休闲区

▲阳台摆放洗衣机注意防水和排水

厨房设计

厨房设计重点

橱柜设计

橱柜作为厨房中最重要的定制型家具，在装修厨房时需要特别重视橱柜的设计问题。对于普通家庭的橱柜而言，只有以实用、简约为设计主思路的橱柜才是好用的。

灶具位置

灶具的位置也是装修厨房时必须要慎重对待的问题，通常建议大家将灶具的位置确定在距离烟道较近、灶具边方便放置调料盒、空气流动性较好的位置。

通风能力

厨房的通风能力非常重要，全封闭式厨房不但更加容易积油烟、造成清洁麻烦，而且对于饮食安全也是不利的。因此，在装修厨房时，绝对不要破坏厨房的通风能力。

开门方向

厨房门的开门方向是大家比较容易忽视的问题，错误的开门方向也许会妨碍橱柜、灶具、水池的使用，严重的情况下甚至会造成一定的安全隐患。因此，建议大家在选择厨房门开门方向时，尽量向远离火源的墙体方向开门，具体的方向大家要根据自己家的实际情况做出选择。

▲厨房灶具应设置在空气流动性较好的位置

▲选择实用的橱柜是设计厨房的第一步

厨房灯饰照明

厨房照明以工作性质为主，建议使用日光型照明。除了在厨房走道上方装置顶灯，照顾到走动时的需求，还应在操作台面上增加照明设备，以避免身体挡住主灯光线，切菜的时候光线不充足。安装灯饰的位置应尽可能地远离灶台，避开蒸汽和油烟，并要使用安全插座。灯具的造型应尽可能的简单，以方便擦拭。通常采用能保持蔬菜水果原色的荧光灯为佳，这不单能使菜肴散发吸引食欲的色彩，而且有助于主妇在洗涤时有较高的辨别力。

▲吊柜下面安装灯来增加厨房亮度

▲厨房装灯的位置应远离灶台

▲餐厨合一的空间照明宜以功能性为主

厨房色彩搭配

厨房是烹饪食物的场所，是一个家庭中卫生最难打扫的地方。空间大、采光足的厨房，可选用吸光性强的色彩，这类低明度的色彩给人以沉静之感，也较为耐脏；反之，空间狭小、采光不足的厨房，则相对适用于明度和纯度较高、反光性较强的色彩，因为这类色彩具有空间扩张感，在视觉上可弥补空间小和采光不足的缺陷。

厨房的墙面一般选择乳白色或白色，给人以明亮、洁净、清爽的感觉。有时也可在厨具的边缝配以其他颜色，如奶棕色、黄色或红色，目的在于调剂色彩，特别是在厨餐合一的厨房环境中，加以暖色调的颜色，与洁净的冷色相配，有利于促进食欲。

▲小厨房适合采用明度高和反光性较强的色彩

▲白色的厨房给人洁净明亮的感觉

厨房饰品搭配

厨房在家庭生活中起着重要的作用，选择工艺品摆件时尽量照顾到实用性，在美观基础上要考虑清洁问题，还要尽量考虑防火和防潮，玻璃、陶瓷一类的工艺品摆件是首选，容易生锈的金属类摆件尽量少选。此外，厨房中许多形状不一，采用草编或是木制的小垫子，如果设计得好，也有很好的装饰效果。

▲小面积厨房中可利用墙面搁板陈设各类器皿

▲厨房中适合布置陶瓷、玻璃材质等不易受油烟影响的工艺品摆件

卫浴间设计

卫浴间设计重点

卫生间是水汽非常重的地方，建议采用集成吊顶或者防水石膏板吊顶。集成吊顶在设计上将照明模块放在中间，排气扇布置在坐便器的上方，取暖装置布置在浴缸的上方，功能分开独立，相比把灯具、换气、浴霸都放一起的传统做法，实用性增强了许多。如果采用石膏板吊顶，要注意后期批的腻子和乳胶漆也是要防水的，在水落管的弯头处要留一个活动的检修口，方便以后维修。

卫浴间贴砖之前务必做好墙地面的防水处理工作，淋浴房的墙面防水一定做到吊顶以下处，同时，淋浴房的内外必须都要做好地面散水，以免后期使用时出现渗水的情况。很多干区的墙面选择乳胶漆等非瓷砖材质，但是这就得先解决好干区台盆的防水问题，所以，在做台盆挡水的时候，高度20~30cm为宜。柜体最好与墙面相接，以免形成柜子侧面的卫生死角。

▲ 卫浴间采用石膏板吊顶

▲ 卫浴间采用集成吊顶

▲ 卫浴间干区台盆以上的墙面可采用乳胶漆等非瓷砖材质

卫浴间的角落里因柱子而隔开的狭小空间，看似没有利用的可能，其实这里可以加几个层板做成壁龛，或者做个台上柜，用于摆放一些日常用品。

卫浴间的台盆两侧墙面可考虑做一些电源插座，还有毛巾架等置物功能，但是这样最好不要考虑在一面墙上，使用起来不方便，而且有时毛巾潮湿，插座在下面也会有些安全隐患。

卫浴间灯饰照明

卫浴间以柔和的光线为主，照度要求不高，要求光线均匀，灯饰本身还要具有良好的防水、散热和不易积水的功能，材料以塑料和玻璃为佳，容易方便清洁。

因为卫浴间一般都比较狭小，很容易有一些灯光覆盖不到的地方，加上湿滑的地面，造成意外事故的例子也很多，所以除了主灯之外，非常有必要增加一些辅助灯光，如镜前灯、射灯。但是，卫浴间也不能过于明亮，会让人缺乏安全感，尤其是沐浴的时候，柔和一点的灯光能让人放松心情。

▲ 卫浴间的灯饰应具备防水和易清洁等特点

▲ 利用壁龛收纳洗浴用品

▲ 镜柜的上下方安装灯带

▲ 台盆柜的镜子上方安装镜前灯

卫浴间色彩搭配

卫浴间是一个清洁卫生要求较高的空间。色彩以清洁感的冷色调为佳，搭配同类色和类似色为宜，如浅灰色的瓷砖、白色的浴缸、奶白色的洗脸台，搭配淡黄色的墙面。白色是卫浴间最常见的颜色，显得洁净、明亮，与人们对卫浴间的需求相吻合。建议用深浅色搭配，这样效果最好。

卫浴间的墙面、地面在视觉上占有重要地位，颜色处理得当有助于提升装饰效果。一般有白色、浅绿色、玫瑰色等。材料可以是地砖或者马赛克，一般以接近透明液体的颜色为佳，可以有一些淡淡的花纹。

▲宝石红色的出现给卫浴间增添活力

▲白色是卫浴间最常见的颜色

▲蓝色与白色依然是地中海风格卫浴间的主角

卫浴间饰品搭配

卫浴间中的水气和潮气很多，所以通常选择陶瓷和树脂材质的工艺品摆件，这装饰品即使颜色再鲜艳，在卫浴间也不会因为受潮而褪色变形，而且清洁起来也很方便。除了一些装饰性的花器、梳妆镜之外，比较常见的是洗漱套件，既具有美观出彩的设计，同时还可以满足收纳需要。

▲洗漱件套是卫浴间最常见的摆件之一

▲陶瓷与玻璃饰品不会受到卫浴间潮气的影响

▲白色铁艺搁物架兼具美观与实用功能

视听室设计

视听室设计重点

做视听室的房间面积不应太小，专业一点的面积需要在 18 平方米以上，因为发挥环绕的视听效果，需要有足够的空间来实现。太小的面积，影音效果会有压抑感，房间中要摆放大音箱，房间高度应不低于 2.8 米，但也不要超过 4 米，因为天花板会反射声音，太高的空间由于反射音到达时间长，容易产生定位不准确的问题。较理想的视听室应是长方形，而且房间的长、宽、高比例也有一定的要求，合适的比例能减少中低频驻波的强度。大部分家庭会使用地下室做视听室，因为视听室采光不需要太好，地下室本身就有隔音优势。

▲视听室墙面进行软包处理，从而实现隔声效果

▲别墅地下室是设计成视听室空间的最佳选择

▲木质顶面是视听室的常见选择

视听室材质选择

选择视听房的地面材料，切勿使用大面积地砖，因为瓷砖的吸音及隔音效果最差，最好选择实木地板或复合木地板，软木地板最佳。而如果能在软木地板上再铺一块纯羊毛长绒地毯，那是最好不过了。除了地面材质的选择，吊顶也尽可能使用木质或吸音木做出锯齿造型或进行凹凸处理，最简单的办法就是做木梁或直接安装矿棉吸音板。墙面最好尽可能进行适当的软包处理，或用吸音软木做装饰墙板，也可在适当位置做木质书架或搁板，既实用又能对声波起到延缓作用。如果墙壁一侧是水泥墙，而另一侧是大型柜类家具，就需要在水泥墙悬挂一两幅具有吸音性的布质装饰画或挂毯等，做些声学上的补偿处理，使主音箱两侧的声学性能尽可能接近对称。

▲深色的视听室可以取得更好的观影效果

细部设计与软装搭配

案例解析

玄关

　　玄关是整个住宅的一个重要部分，装修时不仅仅是起到一种装饰和美观的作用，还有着不小的实用性，一方面可以保护空间的私密性，另一方面也是为了方便客人脱衣换鞋挂帽。

玄关墙［定制鞋柜 + 黑镜 + 木格栅］

墙面［木地板上墙 + 灰镜 + 定制鞋柜］

墙面［墙纸 + 木线条装饰框 + 挂衣钩］

墙面［银镜］

玄关的实用功能设计

　　玄关的实用功能不少，比如家里人回来，可以随手放下雨伞、换鞋、放包。目前比较常用的做法是在实现上述功能的基础上，将衣橱、鞋柜与墙融为一体，巧妙地将其隐藏，外观上则与整体风格协调一致，与相邻的客厅或厨房的装饰融为一体。玄关还可以起到遮挡的作用。大门一开，有玄关阻隔，外人对室内就不能一览无余。玄关的设计视乎每个家庭实际面积和需求而定，若空间不够，就在入门处放一张柔软的垫子、摆一张换鞋的凳子也能起到玄关的作用。

顶面［杉木板吊顶刷白］ 右墙［质感漆 + 装饰挂画］

右墙［大理石护墙板］ 地面［地砖拼花 + 花砖波打线］

左墙［黑板漆 + 银镜］

顶面［石膏板吊顶］ 右墙［定制收纳柜 + 装饰壁龛］

居中墙［墙纸 + 木花格贴灰镜 + 嵌入式展示柜］

顶面［银箔 + 石膏板造型］　地面［地砖拼花］

左墙［定制鞋柜 + 装饰壁龛］

居中墙［博古架］　地面［地砖拼花］

玄关鞋柜的设计重点

　　玄关的鞋柜最好不要做成顶天立地的款式，做个上下断层的造型会比较实用，分别将单鞋、长靴、包包和零星小物件等分门别类，同时可以有放置工艺品的隔层，这样的布置也会让玄关区变得生动起来。可以将鞋柜设计为悬空的形式，不仅视觉上会比较轻巧，而且悬空部分可以摆放临时更换的鞋子，使得地面比较整洁，悬空部分的高度一般在 15~20cm。

　　鞋柜通常都放在大门入口的两侧，一般可以根据大门开启的方向来定。柜子应放在大门打开后空白的那面空间，而不应藏在打开的门后。

居中墙［杉木板装饰背景 + 文化砖 + 定制收纳柜］

右墙［银镜 + 彩色乳胶漆 + 木线条装饰框刷白］

右墙［彩色乳胶漆 + 银镜］

左墙［定制收纳柜］　地面［地砖拼花］

左墙［斑马木饰面板装饰框 + 墙纸］

顶面［石膏板造型 + 金箔］ 地面［回纹图案拼花］

隔断［鞋柜 + 木格栅］

居中墙［不锈钢线条造型 + 装饰方柱 + 夹丝玻璃］

玄关地面拼花的设计要点

地面拼花的设计一般在玄关中都会用到，可以开门见山地体现出装修格调。为了让拼花具有很好的装饰效果，施工时一定要提前设计好地面拼花的图纸，不光是拼花四边的裁切要对称，而且要与地面上的家具、顶面的造型以及灯具都对应起来，这样拼花才能起到真正的作用。现在的地面拼花根据地面实际面积来定做，花纹、石材种类都可以自由选择。这种地面一般是按"m^2"来收费，石材市场或者建材超市均有销售。

居中墙［墙纸 + 木花格］

地面［艺术地砖］

墙面［彩色乳胶漆 + 嵌入式鞋柜］

右墙［红砖 + 嵌入式鞋柜］

右墙［墙纸 + 定制收纳柜］

地面［实木拼花地板］

左墙［杉木板装饰背景刷白 + 彩色乳胶漆］

顶面［木线条走边］ 居中墙［木质罗马柱］

居中墙［镂空木雕屏风］

右墙［木花格 + 月洞窗］

隔断

　　隔断在家居生活中比较常见，它不仅能起到装饰效果，还有遮挡视线的作用，一个合理的隔断设计能为居住者提升更好的居室环境，因此许多业主都会通过隔断营造出不同的居室氛围。

隔断［木格栅］

隔断［石膏板造型 + 彩色乳胶漆］

隔断［木花格 + 定制酒柜］

隔断［镂空隔断墙铺贴米黄大理石］

隔断［磨砂玻璃 + 黑色不锈钢线条］

隔断［矮柜 + 中式挂衣架］

墙体隔断的设计重点

　　墙体隔断分为砖墙和轻钢龙骨石膏板轻质墙，在房间上面没有大梁的情况下，应尽量使用轻质隔墙，可减少楼板的承重量。如果隔墙是轻钢龙骨石膏板制作的，后期这个墙面上还可能会挂一些壁挂装饰或者柜子、电视机等物品，那么在做隔墙的时候就需要在墙体内部衬木工板，这样才能挂得牢固。如果采用半墙的隔断方式，高度一般在 1300~1500mm，太高会阻碍视线，太矮又起不了隔断的作用。

隔断［木质造型刷黑漆］

隔断［白色木格栅］

隔断［木格栅刷金漆］

隔断［密度板雕花刷金漆＋木格栅］

隔断［木花格刷金色漆］

隔断［定制展示柜］

隔断［夹丝玻璃］

隔断［装饰珠帘］

隔断［中式木花格］

隔断［磨砂玻璃］

月亮门隔断的设计重点

月亮门如同一轮满月的门洞，经常出现在古典中式空间中，室内常作为隔断，精致的雕刻及花格起到分隔空间的作用，又成为一道美丽古典的景观。运用到园林设计中，月亮门常作为院落过渡。月亮门线条流畅、优美，而且造型中蕴含着中国传统文化所追求的圆满、吉祥等寓意。选用的榆木或者楸木材质，质地坚硬，经久耐用。花格通常设计为"万字不到头""冰裂纹"或葡萄、荷花等缠枝纹透雕形式。

隔断［定制展示架］

隔断［定制收纳柜］

隔断［红砖刷白＋木搁板＋石膏板造型刷彩色乳胶漆］

隔断［收纳柜］

隔断［木格栅刷黑漆＋收纳矮柜］

隔断［玻璃移门］

隔断［木网格刷金漆］

隔断［木花格刷金漆］

隔断［木花格］

隔断［博古架］

隔断［中式木花格］

隔断［不锈钢装饰造型］

密度板雕花隔断的安装要点

　　密度板雕刻而成的白色花格不仅造型优美，而且价格也相对便宜。要注意雕花和室内的风格相呼应，制作时最好选择亚光油漆，这样的油漆出现泛黄的时间相对较长。密度板雕花隔断作为后期安装品，需要在地面和顶面做固定，顶面固定需要前期在安装的位置做木工板固定处理。地面固定需要特别注意该户型是否安装了地暖等冷暖设备，地面打眼必须考虑钉眼是否会打到地暖管道等。若安装了地暖，可以选择地面胶粘的方式来固定隔断。

隔断［铁艺构花件刷金漆］

隔断［钢化清玻璃］

隔断［定制展示柜］

隔断［木格栅］

隔断［木格栅］

隔断［不锈钢装饰造型］

隔断［中式木花格 + 银镜］

隔断［木花格刷金漆 + 大花白大理石 + 木饰面板装饰框］

玻璃砖隔断的设计重点

　　有些区域需要封闭式的隔断但又希望有采光，这时就可以使用玻璃砖来制作。例如厨房、客厅、餐厅、浴室、卫生间等都是应用玻璃砖的理想地方，既能分割功能区，同时又保持空间的完整性。用玻璃砖砌成的隔断墙具有高采光性，还能通过漫反射使整个房间充满柔和光线，解决了阳光直射引起的不适感。目前玻璃砖的价格大概在 250~600 元 /m² 。要注意的是，因为玻璃砖有好几种规格，在施工时应提前确定好尺寸，计算好预留的位置。

过道

    在居室装饰中，过道是重要的环节，随着居室面积的增大，许多家庭都有了或长或短的过道，是家中不可少的。美观的过道装饰能体现主人的生活情趣，提高家居装饰的品位。设计过道的原则是：尽量避免狭长感和沉闷感。

居中墙［仿石材墙砖 + 石膏罗马柱］

右墙［定制收纳柜 + 装饰壁龛］ 地面［仿古砖］

顶面［樱桃木饰面板 + 黑镜］

地面［仿大理石地砖］

过道装饰柜的搭配要点

　　过道尽头的空间常放置玄关柜来丰富空间，一般搭配挂画、摆件、画框等装饰，可以塑造曲径通幽的意境。为避免空间显得局促拥挤，过道玄关柜并不以收纳为主要功能，选择一两件足矣，样式要精致，并与整体风格协调搭配。

　　有时候在过道整体背景环境色较轻的情况下，可以考虑采用颜色较重一些的玄关柜将整个空间的重心压住，形成较好的视觉层次感。这样的处理不但能将家具和空间环境很好地融合在一起，而且在气质上也会有很大程度上的提升。

顶面［水曲柳饰面板 + 金属线条］

居中墙［艺术墙纸］

端景墙［定制壁画 + 木线条收口］

隔断［木花格 + 黑白根大理石装饰框］

右墙［艺术墙纸 + 木线条装饰框］

隔断［大理石罗马柱］

右墙［杉木板装饰背景］

顶面［石膏板造型 + 木线条走边］

顶面［石膏板造型 + 黑镜 + 灯带］

顶面［石膏板造型暗藏灯带］

居中墙［铁艺构花件］

地面［米色地砖夹深色小砖斜铺 + 波打线］

右墙［布艺软包］ 地面［大理石波打线］

过道地面材料的选择重点

在过道地面装饰材料的选择上往往有个误区，认为过道的使用率高，地面要用耐磨的装饰材料。其实家里和公共场所不同，所以没有必要一定得选择像玻化砖那样耐磨的材料，其实防滑才是最重要的。因此，大部分的地砖、强化木地板和实木地板，都可以用在过道的地面上。如果想要打破过道的沉寂，体现出一种活泼的跳跃感，不妨运用地砖拼花与环境色彩强烈的对比，让别致的拼花图案成为视觉中心。

垭口［石膏板造型＋硅藻泥］

垭口［石膏板造型＋硅藻泥］

垭口［白色护墙板＋石膏板造型刷彩色乳胶漆］

垭口［月亮门＋木花格］

哑口［石膏板造型 + 硅藻泥］

哑口［大花白大理石装饰框］

哑口［木饰面板装饰框］

哑口［彩色乳胶漆 + 装饰框］

中式风格过道哑口的设计重点

　　哑口的制作材料有很多，目前比较常见的制作哑口的材质主要分为实木、人造板材、石材等。制作中式风格哑口的材质一般都采用实木，既显得温润又不失雅致。如果用木饰面做造型哑口的内框，一般在墙的两面都要凸出来一些尺寸，一般是 20~40mm，方便墙体的材料与内框的施工收口衔接，也可以凸出内框的线条感。中式风格哑口的造型常为江南园林风格的六边形或木门雕花型，一方面有非常明显的隔断作用，另一方面又为整个家庭环境增添意境。

垭口［木质艺术造型刷钢琴漆］

垭口［木饰面板装饰框＋金属线条装饰框］

垭口［镜面不锈钢造型］

垭口［深咖网纹大理石装饰框＋木线条装饰框］

垭口［文化砖］

垭口［文化石拱门造型］

垭口［石膏罗马柱］

垭口［木质罗马柱＋墙纸］

垭口［斑马木饰面板］

垭口［木质罗马柱套色］

垭口［木饰面板套色］

垭口［石膏板造型＋大花绿大理石踢脚线］

乡村风格过道垭口的设计

　　乡村风格的垭口设计一般以圆形和拱形门洞居多，如需现场做拱形或圆形门洞，建议用木工板搭框架，水泥现浇，抹圆，这样的门洞又美观，又牢固，并且不容易产生裂缝，但缺点是造价高，费工费时。如果采用石膏板框架，用油漆腻子抹圆，圆弧的边角相对生硬，也容易与老的墙面产生裂缝，但造价相对较低。如果是美式乡村风格，拱形垭口可以考虑用文化石来装饰，施工时要先确定文化石的规格是否适合拱形门洞的比例，防止文化石要后期切割加工。

楼梯［大理石踏步 + 铁艺护栏］

墙面［木质护墙板］ 楼梯［铁艺护栏 + 实木扶手］

楼梯［铁艺护栏 + 实木扶手］

墙面［金属马赛克 + 银镜］

楼梯［大理石踏步 + 实木护栏］

楼梯［实木踏步 + 铁艺护栏 + 大理石装饰柱］

楼梯［大理石踏步 + 玻璃护栏 + 实木扶手］

顶面［黑镜］　楼梯［实木护栏］

顶面［石膏浮雕 + 波浪板 + 金箔］

地面［地砖拼花］

顶面［石膏板造型勾黑缝］　地面［地砖拼花 + 大理石波打线］

过道楼梯的设计要点

　　楼梯的宽度最小值至少保持 700mm，加上扶手的宽度，最少要保持 780mm 的尺寸才足以保持行走的方便。楼梯踏步的踏面宽度一般在 240~280mm。太窄的话脚踏在踏步上没有安全感；太宽了爬楼梯的时候就比较费力。采用玻璃楼梯扶手可以让空间显得更加开阔，材料上一般都采用钢化安全玻璃，或者采用双层夹胶玻璃，即使玻璃碎了也不会对人员造成伤害。玻璃的厚度一般在10~20mm，太薄了不太安全，太厚又显笨重。

阳台

　　阳台装修是房屋装修中的一小部分，却也是很重要的一个区域。因为现在的阳台装修作为一个多功能的弥补型区域来说，很受业主的重视。阳台装修利用得好可以有效地增加使用面积，或是家里的亮点，如果利用得不到位则白白浪费了一个好空间。

地面［木纹地砖 + 波打线］

地面［防腐木地板 + 仿古砖斜铺 + 鹅卵石］

地面［地砖拼花 + 鹅卵石 + 园林小景观］

墙面［文化砖］ 地面［防腐木地板］

顶面［钢化玻璃顶棚］ 地面［仿古砖勾白缝］

地面［仿古砖］

阳台家具的选择与搭配

    从材质上来说，木质阳台家具是首选，但宜选用如柚木这样油分含量较高的木材，最大限度地防止因膨胀或疏松而脆裂。喜欢金属材质的业主宜选用铝或经烤漆及防水处理的合金材质的阳台家具，这样的材质最能承受户外的风吹雨淋。竹藤制家具轻松惬意，但要注意对它的养护，淋雨后要及时擦拭清理。阳台家具在造型上宜选择小巧玲珑的类型，以折叠家具为佳，使用起来更有弹性，避免阳台显得拥挤，阳台上放置小桌椅，可以当茶桌或小餐桌使用。

墙面［白色木搁板］

地面［防腐木地板］

顶面［质感漆＋木质装饰梁］

顶面［木质装饰梁］

顶面［木格栅］　左墙［文化石］

顶面［杉木板吊顶套色］　地面［地砖拼花］

地面［防腐木地板］

顶面［杉木板吊顶套色］

地面［园林小景观 + 鹅卵石］

墙面［文化砖］　地面［防腐木地板］

地面［防腐木地板 + 鹅卵石］

露台的设计要点

　　有些住宅配有大大的露台空间，改建成阳光房是一种比较实用的做法，既能做成花园的感觉，又不用去为户外家具的选择发愁，可以根据自己的喜好配置家具，更重要的是楼下也不会漏水，但建议做一个电动遮阳帘，避免夏天过热。也有一部分业主喜欢用砖砌一个鱼池，墙面固定花架，在自家阳台养一些花鸟鱼虫，十分富有情调。但需要注意的是，室内砖砌鱼池一定要做好防水，而且在养鱼前最好先用白醋浸泡，中和掉填缝剂和水泥中的碱成分。

书房

　　由于书房的特殊功能，它需要一种较为严肃的气氛。但书房同时又是家庭环境的一部分，它要与其他居室融为一体，透露出浓浓的生活气息。所以书房作为家庭办公室，就要求在凸显个性的同时融入办公环境的特性，让人在轻松自如的气氛中更投入地工作，更自由地休息。

顶面［石膏板造型暗藏灯带＋木线条走边］

左墙［定制书架＋石膏板挂边］

左墙［墙纸＋装饰挂画］

居中墙［定制书柜＋灰镜］

墙面［黑镜＋装饰挂画］

右墙［布艺硬包＋黑胡桃木饰面板］

书房的位置选择

　　因为看书阅读需要安静的环境，因此应选择人不经常走动的房间作为书房。一般来说，平层公寓的书房可以布置在私密区的外侧，或门口旁边单独的房间，如果它同卧室是一个套间，则在外间比较合适。复式住宅的特点在于分层而治，互不影响。在这样的房子里，可以选择单独的一层作为书房。独栋别墅的书房不要靠近道路、活动场，最好布置在房屋后侧，面向幽雅绚丽的后花园。

顶面［石膏板造型 + 木线条走边］

右墙［仿洞石墙砖］

左墙［原木搁板 + 玻璃推拉门］

居中墙［墙纸 + 木搁板 + 灯带］

顶面［艺术墙纸 + 石膏板装饰梁］

居中墙［博古架］

居中墙［布艺软包 + 定制展示柜］

地面［地砖拼花］

右墙［彩色乳胶漆 + 装饰挂画］

墙面［定制书柜］

右墙［墙纸 + 斑马木饰面板］

左墙［墙纸 + 白色护墙板 + 装饰挂画］

顶面［石膏雕花线描金］

开放式书房的设计重点

　　有些中小户型的家庭，由于面积有限，没有足够的空间划分出来单独的房间作为书房使用，只能在卧室或客厅专门划出一块区域作为工作学习的地方。因此考虑到面积和功能的问题，对于开放式书房的用品要力求做到少而精，小而全，充分合理地利用每一寸空间。开放式书房的位置应尽量选择在靠近采光效果较好的地方，如靠近窗户的区域。此外还要考虑空调的功率，要把书房能耗也算在里面。

顶面［木线条走边］ 隔断［月亮门＋装饰展示架］

居中墙［嵌入式收纳柜］ 地面［实木拼花地板］

顶面［木质吊顶＋石膏板造型］

地面［实木拼花地板］

顶面［实木线制作角花］

右墙［彩色乳胶漆 + 实木护墙板］

顶面［石膏板造型 + 彩色乳胶漆］ 地面［实木拼花地板］

右墙［墙纸 + 定制书柜 + 挂镜线］

墙面［彩色乳胶漆 + 实木护墙板］

书房家具的布置要点

在一些小户型的书房中，将书桌摆设在靠墙的位置是比较节省空间的。由于桌面不是很宽，坐在椅子上的人脚一抬就会踢到墙面，如果墙面是乳胶漆的话就比较容易弄脏。因此设计的时候应该考虑墙面的保护，可以把踢脚板加高，或者为桌子加个背板。

面积比较大的书房中通常会把书桌居中放置，大方得体。造型别致的书桌成为书房空间的主角显得大方得体，但随之而来的是插座网络等插口的问题。这里可设计在离书桌较近的墙面上；也可以

在书桌下方铺块地毯，接线从地毯下面过；或者干脆做地插，位置不要设计在座位边上，尽量放在脚不易碰到的地方。

还有很多小书房是利用角落空间设计的，这样就很难买到尺寸合适的书桌和书柜，定做是一个不错的选择。

书柜一般沿墙的侧面平置于地面，或根据格局特点起到隔断空间的作用。如果摆放木质书柜，尽量避免紧贴墙面或阳光直射，以免出现褪色或干裂的现象，减短使用寿命。

墙面［樱桃木饰面板 + 定制书柜］

右墙［定制书柜］

墙面［墙纸］　隔断［定制收纳柜］

右墙［定制书架］

右墙［定制书架］ 地面［实木拼花地板］

顶面［石膏板造型 + 木线条走边］

墙面［定制书柜］

顶面［杉木板吊顶套色 + 木质装饰梁］

书房墙面的挂画技巧

　　每个家居功能空间布置装饰画的方式各不相同，需要掌握一定的技巧。书房要营造轻松工作、愉快阅读的氛围，选用的装饰画应以清雅宁静为主，色彩不要太过鲜艳跳跃。中式的书房可以选择字画、山水画作为装饰，欧式、地中海、现代简约等装修风格的书房则可以选择一些风景或几何图形的内容。书房里的装饰画数量一般在 2~3 幅，尺寸不要太大，悬挂的位置在书桌上方和书柜旁边空墙面上。

阁楼

　　阁楼的空间结构完全和一般的居室不一样，虽然很有趣味性，结构也很丰富，但空间矮小局促也是不争的事实。所以在设计的时候就要考虑好阁楼的功用，才能更好地利用阁楼的空间结构特点和优势。

左墙［定制收纳柜］

顶面［杉木板造型刷白］ 左墙［墙纸＋白色护墙板］

顶面［杉木板造型套色］ 地面［实木拼花地板］

顶面［杉木板造型刷白］ 沙发墙［石膏板造型刷灰色乳胶漆＋木搁板］

墙面［彩色乳胶漆］

阁楼的设计要点

　　一般情况下，阁楼会改造成成小卧室或者小书房。由于空间都比较低矮，不方便使用大灯，可以结合着使用壁灯和落地灯，灯光最好选择比较温和的类型，这样空间就会显得更加温馨。阁楼不宜摆放大件的家具。如果当做卧室，就只需摆放一张小小的软床即可。另外也可以摆放书桌，可以靠较低的墙面摆放，并不占用空间，并且非常实用。在颜色的选择上，最好是装修成原木色，那样会更有休闲文艺的感觉。如果使用的布艺比较多，就可以装修成田园风格。

卧室

　　卧室是为家人提供睡眠、休息的场所，当然需要有一个安静、舒适的环境氛围。在进行卧室装修设计时，尽量保持卧室功能的单一性，功能越简单的卧室受到打扰的可能性就会越低，随之舒适度也会更高。卧室的私密性设计应优先考虑，隔音、安静、舒适是三大设计原则。

顶面［石膏板造型＋木线条走边］

床头墙［布艺软包＋银镜］

床头墙［皮质硬包＋木线条装饰框］

床头墙［布艺软包＋白色护墙板］

床头墙［布艺软包＋黑胡桃木饰面板］

顶面［石膏板造型＋灯带］ 床头墙［墙纸］

简约风格卧室的设计重点

　　卧室的设计并非一定由多姿多彩的色调和层出不穷的造型来营造气氛。大方简洁、清逸淡雅而又极富现代感的简约主义已经越来越受到人们的欣赏和喜爱了。想要使简约的设计风格给卧室带来轻松、温馨的家居氛围，浅色木地板、米色地毯、通透的大窗户以及素色的墙面都是极好的搭配。如果觉得太简单，再安上一个简而不俗的床头灯，几个洁白无暇的瓷花瓶，点缀些花草，一个简单的衣架，自然清新、舒适悠闲的空气就充斥了整个卧室。

床头墙［布艺硬包 + 灯带］

床头墙［艺术墙纸 + 彩色乳胶漆］

床头墙［彩色乳胶漆 + 木质罗马柱］

床头墙［布艺软包 + 墙纸 + 木线条装饰框］

床头墙［墙纸 + 石膏顶角线］

居中墙［墙纸 + 挂画组合 + 白色护墙板］

居中墙［飘窗改造收纳区］

床头墙［石膏板造型＋彩色乳胶漆］

床头墙［墙纸＋石膏线条装饰框］

床头墙［布艺软包＋杉木板造型］

床头墙［布艺软包］

床头墙［布艺软包＋灰镜］

床头墙［布艺硬包＋定制展示架＋黑镜］

中式风格卧室的设计重点

　　中式风格卧室追求庄重而优雅，一般大都采用古朴的红木家具，格调高雅、造型优美，蕴含着十分浓厚的民族文化气息。色彩以沉稳的深色为主，再配以红色或黄色的床上用品，就能够营造出非常舒适的中国风。中式风格卧室还讲究家具摆设的对称性，如果布置的时候要注意对称的设计，会使整个空间显得庄严大气。此外，还可以使用字画、古玩、卷轴等作为装饰，也可以使用盆景作为点缀。在隔断空间时，采用屏风、窗花等手法，就能够带来浓厚的中式味道。

床头墙［布艺软包 + 木线条收口 + 彩色乳胶漆］　　　　　顶面［木线条走边］　地面［地砖拼花］

顶面［木线条走边］　床头墙［墙纸 + 木格栅］　　　　　顶面［木线条走边］　床头墙［布艺硬包 + 不锈钢线条装饰框］

床头墙［墙纸 + 装饰挂画 + 皮质硬包］　　　床头墙［布艺软包 + 金属线条装饰框］　　　顶面［石膏板挂边］

顶面［石膏板造型 + 彩色乳胶漆］

床头墙［杉木板装饰背景刷白 + 定制收纳柜］

顶面［木线条走边］

床头墙［墙纸 + 不锈钢线条装饰框］

床头墙［布艺软包］

床头墙［墙纸 + 不锈钢线条］

美式风格卧室的软装布置

　　卧室中靠墙部分可放置五斗柜或六斗柜，五斗柜上面可放置铁艺摆件、金属烛台、复古相架来烘托整体气氛；六斗柜上面可放置大型的花瓶。床头柜上可以放置台灯、闹钟摆件、花瓶等，雕花的饰面纹样。梳妆台上可放置精美的工艺摆件，如花瓶、烛台、瓷器人物雕像，浅色系为主。卧室里也可以放置书桌、椅子等，书桌上放置台灯、书、相框、电脑等办公用品，复古的闹钟、清制的雕塑等小饰品的点缀可出烘托出整体氛围。

顶面［墙纸＋石膏板造型＋灯带］

床头墙［彩色乳胶漆＋木线条装饰框］　地面［实木地板拼花］

顶面［石膏板造型］　床头墙［彩色乳胶漆］

床头墙［墙纸＋木格栅］

床头墙［墙纸＋石膏板造型刷白］

床头墙［布艺软包＋艺术墙纸＋白色护墙板］

床头墙［墙纸＋百叶窗造型］

顶面［实木线制作角花］ 电视墙［木花格贴黑镜］

顶面［木质装饰梁＋墙纸］

床头墙［布艺软包＋实木护墙板］

床头墙［布艺软包＋银镜］

电视墙［彩色乳胶漆］

床头墙［布艺硬包＋不锈钢线条装饰框］ 地面［实木拼花地板］

小户型卧室的设计重点

　　面积小的卧室因为无法摆太多的家具，要特别考虑收纳的功能。譬如梳妆台兼五斗柜的设计，可以让空间看起来更开阔。其次，因为空间不大，更要保持空间的整齐性。床底下是很好的收纳空间，可以用来收棉被或其他物品，避免堆放太多杂物而显得凌乱。此外，在装修小卧室时应该特别对房间的自然亮度予以保护。尽量避免高大家具对光线与通风的遮挡、使用高亮度浅色色彩作为房间的主基调、通过减少家具的数量来彰显空间感等都是相对简单又有效的提升卧室亮度的方法。

床头墙［彩色乳胶漆］

顶面［石膏板造型＋灯带］ 床头墙［墙纸＋木线条收口］

顶面［石膏浮雕］ 床头墙［艺术墙纸＋嵌入式展示柜］

顶面［石膏板造型暗藏灯带］

床头墙［布艺软包＋实木线装饰套］

床头墙［布艺软包＋黑檀饰面板装饰框＋墙纸］

床头墙［彩色乳胶漆］

顶面［石膏板造型 + 木线条走边刷金色漆］ 床头墙［布艺软包］ 居中墙［嵌入式收纳柜］

床头墙［布艺软包 + 木线条装饰框刷金漆］ 床头墙［布艺软包 + 白色护墙板］ 床头墙［布艺软包 + 木线条装饰框］

地面［实木拼花地板］

大户型卧室的设计要点

　　大户型卧室摆放床时可以选择两扇窗离得较远一点，中间墙面足够宽的区域，将床头放置在两窗之间靠墙的位置。在摆进床、衣柜及梳妆台后，仍有空间可以利用。可以加进单椅或是沙发，又或借此分隔出一个谈心的空间，既考虑到实用功能，也布置出别样浪漫的空间氛围。其次，大面积的空间，可在床的两边各摆一个较大的床头柜。床头柜不只具有美观功能，还兼具收纳实用性。

电视墙［墙纸＋悬挂式书桌］ 居中墙［飘窗改造收纳柜］　　床头墙［墙纸＋木质护墙板］

床头墙［布艺硬包］ 隔断［木花格艺术造型刷金漆］　　电视墙［微晶石墙砖拼花＋木质罗马柱］ 垭口［大理石罗马柱］

床头墙［布艺软包＋木线条收口］

床头墙［墙纸］　地面［仿古砖勾白缝］

电视墙［皮质软包＋嵌入式衣柜］

床头墙［杉木板装饰背景刷白＋墙纸＋木搁板］

床头墙［彩色乳胶漆］

儿童房的家具布置重点

　　儿童床要柔软舒适，尽量选择一些没有或少有尖锐棱角的，以防儿童磕伤碰伤。儿童床可选择比较新奇好玩的卡通造型，能引起儿童的兴趣，喜欢睡觉。一些松木材质的高低床同时具备睡眠、玩耍、储藏的功能，适合孩子各阶段成长的需要，是一个不错的选择。此外，如果儿童房空间比较大，可以布置一些造型可爱、颜色鲜艳、材质环保的小桌子、小凳子放在儿童房中。儿童平时在房间中画画、拼图、捏橡皮泥，或者邀请其他小朋友来玩时，就可以用到它们了。

顶面［石膏板造型 + 灯带］

顶面［墙纸 + 木线条收口］ 电视墙［木花格］

顶面［石膏板造型 + 银箔］

床头墙［布艺软包 + 灰镜倒角］

床头墙［墙纸 + 木线条收口 + 灯带］

顶面［杉木板吊顶刷白］ 床头墙［墙纸 + 装饰挂画］

顶面［石膏板造型勾黑缝］

顶面［木线条走边］　地面［实木拼花地板］

床头墙［布艺软包 + 定制衣柜］

电视墙［墙纸 + 木格栅］　地面［实木拼花地板］

床头墙［布艺软包 + 不锈钢线条装饰框］

床头墙［皮质软包］　电视墙［墙纸 + 木线条装饰框］

卫浴间

　　卫浴间是家中空间较为私密且空间最小的地方。卫浴间装修得好坏，不仅仅是美观上的问题，更是会影响到家人的身体健康。因此，无论在空间布置上，还是设备材料、色彩、线条、灯光等设计方面都不应忽视，使之发挥最佳效果。

墙面［仿石材墙砖 + 挂镜线］

地面［仿石材地砖 + 波打线］

顶面［石膏板造型 + 金属线条 + 灯带］

顶面［枫木饰面板 + 木线条走边］

卫生间的墙面材料运用

　　很多人认为卫生间的墙砖一定要贴到顶才好看和实用，其实只要把淋浴房的墙面用墙砖贴到顶就可以了，像干区、浴缸、马桶间等水溅到墙面不是很高的区域可以考虑用墙砖贴到1~1.2米的高度，上半部分采用除墙砖类以外的饰面材料进行装饰，常见的多以墙纸和乳胶漆为主，这样既节约成本，也能形成独特的效果。但注意这类墙纸或乳胶漆还是需要具有一定防水性能为好。此外，瓷砖与乳胶漆或墙纸的交界处应尽量考虑一些收口线条进行过渡。

居中墙［花砖腰线 + 米黄色墙砖 + 彩色乳胶漆］

居中墙［马赛克拼花］

右墙［木纹墙砖］

左墙［仿大理石墙砖 + 镜面柜］

顶面［防水石膏板造型］

顶面［金箔 + 防水石膏板造型］

右墙［银镜 + 大理石线条装饰框］

顶面［石膏板吊顶勾黑缝］ 墙面［木纹墙砖］

顶面［木质顶角线］ 隔断［木格栅］

顶面［防水石膏板造型拓缝］

隔断［木花格］

顶面［马赛克拼花 + 黑镜］

地面［仿石材地砖 + 波打线］

卫浴间的主题墙设计

　　如果觉得卫浴间有些单调，可以通过主题墙设计来改变现状。大多数的洁具都为白色，为了突出这些主角，可以将墙面瓷砖换成淡黄、淡紫色甚至造型别致的花砖，都会有意想不到的效果。在卫生间使用较多的马赛克也能起到很强的装饰效果。除了传统的灰色、黑白色之外，彩色的玻璃马赛克也可以用于墙面，不仅美观，而且更显和谐之美。对于采光较暗的卫生间来说，主题墙的颜色宜采用亮色系列，再配以色彩较跳跃的配饰或花色瓷砖，都会起到相得益彰的效果。

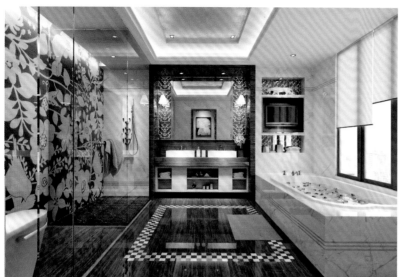

地面［木纹砖＋马赛克波打线］

顶面［杉木板吊顶刷白］ 地面［大理石波打线］

墙面［水泥墙面＋多色艺术墙砖铺贴］

顶面［杉木板吊顶刷白］

左墙 [艺术玻璃]　地面 [地砖拼花]

左墙 [装饰壁龛]　地面 [地砖拼花]

地面 [防滑砖拼花 + 波打线]

顶面 [石膏板造型 + 透光云石]

居中墙 [彩色马赛克 + 仿古砖]

右墙 [马赛克拼花]　地面 [仿古砖]

卫浴间安装浴缸的注意事项

　　一般浴缸的放置方式有两种，即独立式与嵌入式。独立式的浴缸底部一般都有支撑脚，所以可以直接把鱼缸放置在浴室的地面上，施工起来比较简便，而且容易检修。嵌入式浴缸分完全嵌入地下以及砌台两种形式。完全嵌入地下的大浴缸，就像小小的游泳池，更自然、开阔、舒服，能带来奢华的沐浴体验；而砌台方式需要对饰面多花些心思，瓷砖、马赛克、人造石、大理石都能打造非常不错的装饰风格，此外，还要注意与整个卫浴间环境的协调搭配。

左墙［银镜磨花］　右墙［洞石＋镜柜］　　　左墙［大花白大理石＋镜柜］　　　　墙面［陶瓷马赛克＋大理石搁板］

墙面［双色仿石材墙砖混铺］　　　　　　　右墙［仿古砖＋花砖腰线］　地面［仿古砖］

左墙 [米白色墙砖拉槽 + 斑马木饰面板]

墙面 [大理石线条间贴 + 透光云石]

顶面 [石膏板造型 + 灯带]

右墙 [黑胡桃木饰面板装饰框 + 银镜]

砖砌台盆柜的施工要点

　　砖砌的方式可以根据业主的审美和实用性的要求去制作理想中的台盆柜，除了成本低廉之外，既美观又牢固、实用，还能很好地抵挡卫生间的水汽潮湿，一般用于田园风格和地中海风格，可以达到清新质朴的整体感。砖砌台盆柜表面铺贴仿古砖和马赛克比较多，施工时要做好防水以及新墙与旧墙的接缝处理，预留出台盆排水孔和龙头上水孔，并且排水上最好选择墙排式，因为排水管入墙可以腾出更多的空间收纳物品，同时更显整洁。

地面［仿大理石地砖拼花＋波打线］　　　　　　　地面［木纹地砖］　　　　　　　　　　墙面［木纹砖＋银镜］

墙面［双色墙砖拼花］　　　　　　　　　　顶面［艺术沖画＋木线条装饰框刷金漆］　　右墙［马赛克拼花］

顶面［藤编吊顶＋木质装饰梁］

居中墙［马赛克墙砖］　右墙［水泥烧结板］

地面［双色防滑砖拼花］

墙面［防水墙纸］　地面［双色仿滑砖拼花］

地面［米色地砖夹深色小砖斜铺］

右墙［马赛克拼花］

小卫浴间安装镜柜的注意事项

　　卫浴间如果储藏空间比较小，尽量安装镜柜，它是最节省地方的收纳"神器"，同时如果台面比较宽的话，镜柜能缩短镜子与人脸的距离，这样能看得更清楚一些。通常做镜柜的话就不用安装镜前灯了，可在镜柜的上下方藏入光带，还可以在台盆柜的正上方添置射灯。镜柜的材质有很多种，卫浴间一般来说都较为潮湿，所以在选购时一定要注意选用防潮材质的浴室镜柜。镜柜根据功能分为双开门式、单开门式、内嵌式等，需要根据墙面大小来选择适合的镜柜。

视听室

　　视听室的设置需要满足一些必要的基本条件，首先它要是一个相对独立的空间，其次面积不能太小，一般在 20m² 以上，这样才能让视听效果有保障。此外视听室作为一个休闲的空间，最好内外景相互衬托，最佳选择是将能看得见窗外美景的空间作为视听室，这种锦上添花的做法能够为身处其中的人带来更加愉悦的视听享受。

顶面［墙纸 + 木线条走边］

顶面［石膏板造型 + 墙纸］

顶面［星光图案墙纸 + 石膏浮雕］

右墙［布艺软包 + 木质罗马柱］

顶面［黑胡桃木饰面板 + 灯带］

视听室隔音处理的技巧

  视听室是个很有针对性的功能空间，为了达到很好的视听效果，对墙面、顶面和地面的用材都是有一定要求的，尽量不要选用表面过于光滑和坚硬的材质，比如石材、瓷砖和玻璃等，建议使用一些软性且表面粗糙、有颗粒感、纹路多的材质，比如墙纸、纤维布、饰面板、地板、地毯等，如果条件允许的话，也可以采用专业的声学墙板。施工时墙面和顶面时要做隔声处理，灯光可以相对暗一些，以点光源为主，整体的颜色可以偏深。

墙面 [布艺硬包]

顶面 [墙纸 + 木线条走边]　地面 [仿古砖]

顶面 [石膏板造型 + 吸音板]

顶面 [石膏板造型 + 墙纸]　居中墙 [布艺软包 + 白色护墙板]

顶面 [石膏板装饰梁]　左墙 [布艺硬包 + 木线条装饰框]

顶面［石膏板造型 + 星光图案墙纸］

顶面［石膏板造型拓缝 + 灯带］

顶面［石膏板造型 + 墙纸 + 灯带］

右墙［墙纸 + 木线条装饰框］

顶面［星光图案墙纸 + 木线条走边刷金漆］

地下室改建成视听室的设计重点

　　地下室改造成影音室是非常不错的选择，一来地下室的光线较暗，在欣赏影片的时候只要做简单遮光处理就能达到良好的欣赏环境；二来地下室的隔音效果比较好，声音大了也不影响到邻居，在改造的过程中不用进行大规模的隔音处理。但是地下室是整个室内空间中最潮湿以及空气最不流通的地方。所以在设计之初最好考虑安装新风系统以保持地下室的通风，以及选择合适的抽湿机。此外，在施工时墙面应满做防水，尽量使用防潮的装饰材料。

左墙［硅藻泥 + 木饰面板装饰框］

右墙［布艺软包 + 木线条装饰框］

居中墙［硅藻泥 + 杉木板装饰背景］

顶面［石膏板造型暗藏灯带］

居中墙［布艺软包 + 樱桃木饰面板］

顶面［杉木板吊顶套色 + 石膏板装饰梁］

顶面［星光图案墙纸］　左墙［斑马木饰面板］　　墙面［彩色乳胶漆 + 木线条装饰框刷黑漆］

顶面［石膏板造型 + 吸声板］　　顶面［石膏板造型 + 灯带］

墙面［木质装饰梁 + 墙纸］　　顶面［石膏板造型拓缝］　左墙［布艺硬包 + 木质罗马柱］

厨房

　　厨房是室内功能性的一个区域，它主要的作用是给人们提供烹饪的空间。在过去，业主对于厨房大多是注重其功能性，认为厨房可以烹饪就可以了。而现在人们对于厨房会有更高的要求，除了实现烹饪之外，还会要求它能够美观，给家庭主妇们提供一个舒心、温暖、干净的烹饪空间。

地面［仿古砖夹小花砖斜铺］

顶面［彩色乳胶漆］

地面［双色仿古砖相间斜铺＋瓷砖波打线］

顶面［石膏板造型］　墙面［仿大理石墙砖］

左墙［黑色烤漆玻璃］

墙面［米黄色墙＋花砖腰线］　地面［回纹图案波打线］

厨房石膏板吊顶的设计重点

　　很多家里厨房的吊顶就是普通的集成扣板吊顶，但如果做成开放式厨房，铝扣板吊顶似乎跟其他区域的吊顶不太协调，所以厨房也可以采用石膏板造型的吊顶，让其在风格上与客餐厅互相呼应，整体感更强。但注意需要选择防潮的石膏板作为贴面，同时配以防水乳胶漆，让厨房处的水汽对其不会产生影响，提高厨房空间的保质期。此外，施工前需要把油烟机的排烟管事先预埋在吊顶内。

右墙［白色护墙板］

左墙［艺术墙贴］

顶面［石膏板造型嵌黑镜］　墙面［米白色墙砖］

顶面［木花格贴墙纸＋木线条走边］　地面［波打线］

顶面［石膏板造型＋灯带］　地面［仿古砖］

地面［仿石材地砖］

墙面［米白色墙砖］　地面［仿古砖］

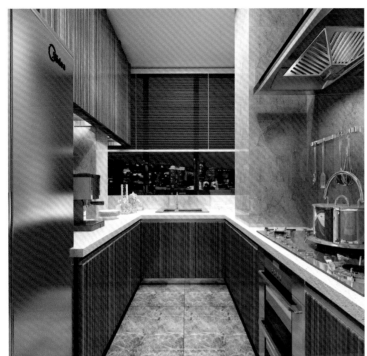

地面 [仿石材地砖]

右墙 [米白色墙砖 + 墙面柜]

顶面 [石膏板造型暗藏灯带]　左墙 [彩色乳胶漆]

墙面 [黑镜]

厨房台面的设计重点

　　厨房橱柜台面的常用材质有人造石、石英石两种，人造石具有性价比高、耐擦洗的优点，而石英石则具有高硬度、耐高温、不渗色等多种优点，业主应根据自身情况选择较为合适的材料。厨房台面应尽可能根据不同的工作区域设计不同的高度，以免带来不便或让使用者感觉麻烦、劳累。例如，有些台面位置低些会更好，比如很喜欢做面点的家庭，那么常用来制作面点的操作台可将高度降低10cm。

吧台

　　吧台以前只能在酒店或者酒吧中才能见到。但如今，吧台正慢慢渗透到家庭装修中来。一个小巧精致的吧台不但可以为蜗居增添亮点，更可以代替餐桌，为小蜗居节省空间。兼具美观与实用功能的吧台，设计上有许多细节要注意，建议先分析居住者对吧台的使用需求，再搭配符合人体工学的尺寸与材质变化，使用起来才能更得心应手。

顶面［杉木板吊顶套色］ 右墙［硅藻泥 + 艺术鱼缸］

左墙［彩色乳胶漆 + 吊柜］

右墙［挂画组合 + 质感漆 + 木质护墙板］

吧台［人造大理石台面 + 仿石材墙砖］

吧台的合理尺寸

　　吧台功能很强大，不仅可以起到分隔的作用，还可以当小餐桌，喝酒聊天，或者作为小工作区看书办公。吧台有高有矮，客餐厅之间的吧台一般选择 1100mm 左右的高度、600mm 左右的宽度、1500mm 左右的长度比较适中，可以根据具体不同的情况来调节尺寸。后期选择的吧台椅高度要根据吧台台面的高度来定。有些吧台椅的高度是固定的，不能升降的，那么在制作吧台的时候也要考虑到吧台的高度也要随之调整，一般吧台高度比椅子高出 30cm 左右。

吧台［人造大理石台面］

顶面［杉木板吊顶 + 明装筒灯］

吧台［人造大理石台面 + 木质护墙板］

左墙［墙纸 + 彩色乳胶漆］

吧台［人造大理石吧台］

顶面［石膏线条装饰框 + 彩色乳胶漆］ 地面［地砖拼花］

吧台［实木台面 + 水曲柳饰面板套色］

吧台［人造大理石台面］ 地面［米黄色地砖 + 波打线］

吧台材质的选择技巧

　　吧台可以木工现场制作，表面涂刷混水油漆，这种做法的优势就是颜色可以根据需要选择，但注意油漆涂刷的表面比较容易划伤，所以后期使用的时候可以在上面铺贴保护膜。还有一种比较常用的是采用亚克力人造石材质，在使用时尽量不要把有色的果汁、红酒等洒到台面，如果不小心弄到台面需要及时清理，否则容易渗色到台面里，另外冬天室内温度比较低的时候，应尽量避免将烧热的锅子器皿直接放到台面上，防止台面开裂。

餐厅

　　家居装修中，人们对餐厅的装修设计越来越重视。虽然餐厅占据的空间并不大，但装修设计效果却会关系到家居装修的整体效果，还会影响居住者的食欲问题。一个理想的餐厅装修应该能产生一种愉悦的气氛，使每一个人都能感到放松和舒适。

隔断［月亮门］

右墙［木花格贴银镜＋木搁板］

右墙［布艺硬包＋不锈钢线条］

居中墙［定制餐边柜＋银镜］

不同风格餐厅如何搭配餐具

现代风格的餐厅软装设计中，采用充满活力的彩色餐具是一个不错的选择；欧式古典风格餐厅可以选择带有一些花卉、图腾等图案的餐具，搭配纯色桌布最佳，优雅而致远，层次感分明；质感厚重粗糙的餐具，可能会使就餐意境变得大不一样，古朴而自然，清新而稳重，非常适合中式风格或东南亚风格的餐厅；镶边餐具在生活中比较常见，其简约不单调，高贵却又不夸张的特点，成为了欧式风格与现代简约风格餐厅的首选餐具。

顶面［木线条走边］
顶面［石膏板造型＋木线条走边］

左墙［水曲柳饰面板套色＋瓷盘挂件］　右墙［洞石］
顶面［石膏板造型＋木线条走边］

地面［木纹地砖］
顶面［木线条走边］　右墙［木纹砖］
左墙［真丝手绘墙纸＋木线条装饰框］

右墙［银镜＋装饰挂画＋白色护墙板］

顶面［金属线条走边］

顶面［石膏板造型＋木线条走边］

左墙［大理石壁炉＋墙纸＋木线条装饰框刷金色漆］

左墙［米黄色墙砖＋银镜］

右墙［墙纸＋装饰挂件］　地面［水泥自流平］

中式风格餐厅的设计重点

　　中式风格的餐厅以桌、椅、柜子、条案为基本要素。在家具的选择方面，它大多以墙面中国字画的挂饰和装饰柜上的雕饰来烘托传统的经典美。中式餐厅中的桌子一般呈方形或长形。将餐桌摆放在餐厅的中心位置，方正的造型显得与四周环境相融合。餐厅因起身坐下动作频繁，因此大多都用靠背椅。单一靠背或呈梳背，雕刻精致、古朴典雅，适当的弧度符合现代人体工程学。条案在餐厅内依墙放置，摆上鲜花、盆景、精致的艺术品或是常用的小家电，都是不错的组合。

地面［米色地砖＋波打线］

隔断［金色木质屏风］

顶面［黑胡桃木饰面板＋茶镜］

地面［米色地砖］

顶面［石膏板吊顶嵌茶镜］

地面［米白色地砖］

居中墙［文化石＋木搁板＋质感漆］

左墙［质感漆＋瓷盘挂件＋鹿头挂件］　地面［仿古砖］　　　　　　　　　　　　右墙［彩色乳胶漆＋装饰挂画］

右墙［米白色墙砖］　地面［仿古砖］　　顶面［石膏板装饰梁＋杉木板吊顶］　　隔断［白色文化砖＋人造大理石台面］

左墙［皮质硬包＋银镜］

欧式风格餐厅的设计重点

　　欧式风格餐厅的设计重点在于餐桌上的杯盘陈列、木头色家具的搭配以及色调的采用。欧式的餐桌多以实木为首选，典雅尊贵，配以洁白的桌布、华贵的线脚、精致的餐具，加上柔和的光线、安宁的氛围等共同组成了欧式餐厅的特色。餐桌上餐具、家饰品也是以浅色系的色调为主，玻璃、瓷器以及餐垫等也都以轻盈的材质为主，营造出丰富却不繁复的感觉。整个餐厅给人感觉舒适高雅，富有情调。

左墙［墙纸＋装饰挂画］

右墙［墙纸＋木花格］

顶面［石膏板造型＋灯带］

地面［仿石材地砖］

地面［地砖拼花＋波打线］

地面「地砖拼花＋波打线］

右墙［定制收纳柜＋黑镜＋木格栅］

地面［米白色地砖＋波打线］

顶面［车边银镜倒角拼菱形］

地面［亚面抛光砖］

右墙［米黄色墙砖＋嵌入式餐边柜］

顶面［石膏板造型］　地面［地砖拼花］

乡村风格餐厅的设计重点

　　餐厅的空间除了要能满足实用功能之外，氛围的营造也很重要。充满大自然气息的乡村风格餐厅，让人更能放松心情，表现出田园生活情趣。用张长条凳配上双人座的餐椅，再摆进一张同样风格的餐桌，并适当加入同属乡村风格的饰品，如陶罐、干燥的花草植物等带有自然气息的家饰用品，更能营造气氛。此外，棉麻材质的布品，如椅垫、抱枕、桌布等也能凸显乡村风格餐厅朴实无华的气质。

居中墙［白色文化砖］　右墙［彩色乳胶漆＋挂画组合］

右墙［现场制作卡座＋彩色鹿头挂件］

顶面［木线条走边］　右墙［文化砖＋定制酒架］

顶面［银箔］　居中墙［生态木］

右墙［彩色乳胶漆＋装饰挂件］　地面［仿古砖］

右墙［布艺软包＋黑白根大理石收口］

隔断［木格栅］

隔断墙［定制鞋柜＋装饰珠帘］

地面［实木复合地板］

顶面［石膏板造型＋黑胡桃木饰面板］　右墙［黑胡桃木饰面板］

现代简约风格餐厅的设计重点

现代简约风格的餐厅在选择餐桌椅以及吊灯时可以在白色和黑色中进行挑选。如果家中墙面是白色为主的话，在铺设地板时就可以选择色彩暗沉一些的，这样能增强空间的层次感。喜欢通透和连贯性的业主在设计格局时可以将餐厅、客厅、厨房安排在一起，三者之间不一定要有实际意义上的隔断，但是一定要有一段距离的留白，这样三者的功能才能划分得比较明显。餐厅较小的情况下，可以在墙面上安装一定面积的镜面，以调节视觉，造成空间增大的效果。

左墙［定制餐边柜］

右墙［白色护墙板 + 装饰挂画］

左墙［彩色乳胶漆 + 嵌入式餐边柜］

右墙［墙纸 + 嵌入式餐边柜］

右墙［墙纸 + 装饰挂画］

顶面［石膏板造型勾黑缝］　右墙［嵌入式餐边柜］

左墙［嵌入式餐边柜］　右墙［墙纸＋大理石踢脚线］　　顶面［石膏浮雕＋石膏雕花线］　地面［地砖拼花］

左墙［白色护墙板＋银镜］　　　　顶面［石膏板造型＋灯带］　地面［地砖拼花＋波打线］

右墙［银镜倒角］　地面［地砖拼花］

餐厅桌布的搭配要点

　　给家中的餐桌铺上桌布或者桌旗。不仅可以美化餐厅，还可以调节进餐时的气氛。一般来说，简约风格适合白色或无色效果的桌布，如果餐厅整体色彩单调，也可以采用颜色跳跃一点的桌布，给人眼前一亮的效果；田园风格适合选择格纹或小碎花图案的桌布，既显得清新而又随意；中式风格桌布体现中国元素，如青花瓷、福禄寿喜等设计图案，传统的绸缎面料，再加上一些刺绣，让人觉得赏心悦目；深蓝色提花面料的桌布含蓄高雅，很适合映衬法式乡村风格。

地面［实木拼花地板］

顶面［石膏板造型＋木线条走边］　右墙［定制餐边柜］

左墙［现场制作卡座＋彩色乳胶漆＋挂画组合］

哑口［石膏罗马柱］

右墙［现场制作卡座＋彩色乳胶漆］　地面［仿古砖］